Fernand Papillon

L'Hérédité

Étude

 Le code de la propriété intellectuelle du 1er juillet 1992 interdit en effet expressément la photocopie à usage collectif sans autorisation des ayants droit. Or, cette pratique s'est généralisée dans les établissements d'enseignement supérieur, provoquant une baisse brutale des achats de livres et de revues, au point que la possibilité même pour les auteurs de créer des œuvres nouvelles et de les faire éditer correctement est aujourd'hui menacée. En application de la loi du 11 mars 1957, il est interdit de reproduire intégralement ou partiellement le présent ouvrage, sur quelque support que ce soit, sans autorisation de l'Éditeur ou du Centre Français d'Exploitation du Droit de Copie , 20, rue Grands Augustins, 75006 Paris.

ISBN : 978-1719579438

10 9 8 7 6 5 4 3 2 1

Fernand Papillon

L'Hérédité

Étude

Table de Matières

Introduction	7
Section I	8
Section II	19
Section III	26

Introduction

Il y a dans les sciences humaines bien des motifs de satisfaction et d'orgueil pour l'esprit, mais les raisons d'humilité et d'amertume n'y manquent pas non plus. En dépit des persévérants efforts et des longues pensées des légions d'investigateurs qui nous ont précédés, la nature a des abîmes noirs et profonds en face desquels toute clairvoyance devient de la cécité, toute hardiesse de la crainte, et toute confiance du découragement. Quand nous essayons de projeter quelque lumière à l'intérieur de ces gouffres mystérieux, cette lumière ne nous y fait apercevoir que les spectres de notre propre ignorance, et nous ne retirons de cette vaine tentative qu'un nouveau sentiment de notre impuissance et de notre misère. Il serait sage d'en retirer encore autre chose, je veux dire une leçon profitable. En effet, rien ne devrait rappeler à la modestie et à la patience, refroidir les ardeurs présomptueuses et confondre les audacieuses témérités comme l'étude de ces phénomènes que la Providence semble avoir établis tout exprès pour déconcerter la curiosité des hommes. Cependant beaucoup de ceux-ci feignent d'ignorer les ouvrages merveilleux et compliqués qui se réalisent dans les domaines inaccessibles à la vue et aux sens, et contestent obstinément l'existence des activités invisibles et des forces insensibles. Voilà le funeste scepticisme auquel il faut opposer le témoignage des sphinx dont nous parlons ici. La leçon est d'autant plus éloquente que par un singulier contraste, ces questions rebelles à toute sorte d'explication théorique et de représentation imaginative sont justement celles qu'on connaît le mieux empiriquement. La connaissance des effets n'y semble aucunement préparer celle des causes.

Ces réflexions s'appliquent particulièrement à l'hérédité. Le fait est que l'ovule renferme en sa substance, d'apparence homogène, non-seulement l'organisme anatomique de l'individu qui en sortira, mais encore son tempérament, son caractère, ses aptitudes, ses sentiments et ses pensées. Les parents déposent dans cette molécule l'avenir d'une existence identique à la leur au point de vue physiologique presque toujours, au point de vue pathologique souvent, et au point de vue psychologique dans plus d'une conjoncture. Ce sont les résultats des derniers travaux entrepris sur cette étonnante industrie vitale que nous nous proposons de faire connaître au lecteur.

Section I

L'hérédité est la loi biologique en vertu de laquelle les êtres vivants tendent à transmettre à leurs descendants un certain nombre des traits qui les caractérisent. C'est une question fort délicate que celle de savoir s'il faut mettre sur le compte de l'hérédité la transmission des formes anatomiques et des fonctions physiologiques dont le système constitue l'espèce. En tout cas, il est clair qu'ici la répétition des parents dans les enfants est complète et absolue. Sans cela, il n'y aurait point d'espèce, il n'y aurait que des successions d'êtres sans autres rapports que celui de la génération. Dans les limites historiques de l'expérience, la reproduction perpétuelle des caractères spécifiques, toujours identiques, c'est-à-dire l'intégrité permanente de l'espèce, est un fait à peu près hors de doute. Les caractères qui distinguent les races et les variétés se transmettent avec moins de régularités de fixité, et c'est précisément sur les transformations diverses qu'ils peuvent subir d'une génération à l'autre qu'une célèbre école de naturalistes s'appuie pour démontrer, avec plus ou moins de mesure, la transmutation des organismes dans la suite des temps. Plus irrégulière et plus variable encore est la répétition des caractères qui, moins généraux que ceux de l'espèce et de la race, peuvent être considérés comme propres à l'individu. Ainsi plus les caractères deviennent particuliers et spéciaux, plus ils échappent à l'hérédité, plus il y a de chances pour que les enfants diffèrent des parents. L'observation, et une observation aussi ancienne que l'homme, établit cependant que ces caractères, tout personnels, sont transmissibles par la génération. Dans quelles limites et dans quelles conditions ? Voilà ce qu'il s'agit de rechercher avec toute sorte de prudence, car il n'y a pas de question où l'on soit plus exposé à glisser sur des pentes dangereuses.

L'hérédité est surtout manifeste dans la continuité des états physiologiques et pathologiques. Elle s'accuse fortement dans l'expression et dans les traits de la physionomie. Les anciens l'avaient remarqué : de là, chez les Romains, les *nasones*, les *labéones*, les *buccones*, les *capitones*, etc. Le nez est peut-être de tous les traits celui que l'hérédité conserve le mieux : celui des Bourbons est célèbre ; elle se manifeste aussi dans la fécondité et dans la longévité. Dans la vieille noblesse française, plusieurs familles ont joui d'une grande vigueur de propagation. Anne de Montmorency, qui, âgé de plus de soixante-quinze ans, put encore à la bataille de Saint-Denis briser de son épée les dents du soldat écossais qui lui porta le dernier coup, était père de 12 enfants. Trois de ses aïeux, Mathieu Ier, Mathieu II, Mathieu III, en avaient ensemble 18, dont 15 garçons. Le fils et le petit-fils du grand Condé en avaient 19 à eux deux, et leur arrière-grand-père, tué à Jarnac, 10. Les quatre premiers Guises comptaient ensemble 43 enfants, dont 30 garçons. Achille de Harlay, père du premier président, eut 9 enfants, son père 10, son arrière-grand-père 18. Dans certaines familles, cette fécondité a duré pendant cinq ou six générations. La longueur de la vie moyenne dépend des localités, du régime, de l'état de la civilisation, mais la longévité individuelle paraît complètement affranchie de ces conditions. On l'observe chez ceux qui mènent la vie la plus laborieuse aussi bien que chez ceux qui prennent le plus grand soin de leur santé, et elle semble tenir à une puissance interne de vitalité que les individus ont reçue de leurs ancêtres. Cela est si connu qu'en Angleterre les compagnies d'assurance sur la vie se font transmettre par leurs agents des renseignements sur la longévité des ascendants de la personne à assurer. Dans la famille de Turgot, on ne dépassait guère l'âge de cinquante-neuf ans, et l'homme qui en a fait la célébrité eut le pressentiment, du jour où il eut atteint la cinquantaine, que le terme de sa vie n'était pas éloigné. Malgré toute l'apparence d'une bonne santé et une grande vigueur de tempérament, il se tint prêt depuis lors à mourir, et il mourut en effet à l'âge de cinquante-trois ans.

L'hérédité transmet souvent la force musculaire et diverses autres activités motrices. Il y avait dans l'antiquité des familles d'athlètes ; les Anglais ont des familles de boxeurs. Les recherches récentes de M. Galton sur les lutteurs et les rameurs à la course montrent que les vainqueurs, dans les exercices où ces hommes prennent part, appartiennent en général à un petit nombre de familles où l'agilité et l'adresse sont héréditaires. La souplesse et la grâce dans les mouvements de la danse se transmettent aussi, comme en témoigne la célèbre famille des Vestris. Il en est de même des diverses particularités de la voix, le bégaiement, le nasillement, le grasseyement. Les familles de chanteurs sont nombreuses. La plupart des enfants nés de parents bavards sont bavards de naissance. Le docteur Lucas cite l'exemple d'une domestique d'une loquacité irrésistible. Elle parlait aux personnes à ne pas les laisser libres de respirer, elle parlait aux bêtes, aux choses ; elle s'entretenait tout haut avec elle-même. Il fallut la congédier ; « mais, disait-elle à son maître, ce n'est pas de ma faute, cela me vient de mon père, dont le même défaut désespérait ma mère, et il avait un père qui était comme moi. »

L'hérédité des anomalies de l'organisation a été constatée dans beaucoup de cas. L'un des plus singuliers est celui d'Edward Lambert, dont le corps, moins le visage, la paume des mains et la plante des pieds, était recouvert d'une sorte de carapace d'excroissances cornées. Il donna le jour à six enfants qui tous dès l'âge de six semaines présentèrent la même anomalie. Le seul qui survécut la transmit, comme son père, à tous ses fils, et cette transmission, marchant de mâle en mâle, se continua pendant cinq générations. On cite aussi la famille Colburn, dans laquelle les parents communiquèrent aux enfants pendant quatre générations ce qu'on a appelé le *sexdigitisme*, c'est-à-dire des membres à six doigts. L'albinisme, la claudication, le bec-de-lièvre et d'autres anomalies se reproduisent de la même façon dans la descendance. On a constaté que des habitudes purement individuelles étaient susceptibles d'une semblable tendance à la répétition. Girou de Buzareingues dit avoir connu un homme qui avait l'habitude lorsqu'il était dans son lit de se coucher sur le dos et de croiser la jambe droite sur la gauche. Une de ses filles apporta en naissant la même habitude ; elle prenait constamment cette position dans son berceau malgré la résistance des langes. Le même auteur assure qu'il a observé souvent des enfants ayant reçu de leurs parents des habitudes non moins extraordinaires qu'on ne peut rapporter ni à l'imitation ni à l'éducation. Darwin en signale un autre exemple. Un enfant avait la bizarre habitude, lorsqu'il était content, de remuer rapidement ses doigts. Quand il était très excité, il levait les deux mains de chaque côté de sa figure, à la hauteur des yeux, toujours en remuant les doigts. Devenu vieux, il avait encore de la peine à se contenir pour ne pas faire ces gestes. Il eut huit enfants, dont une petite fille qui dès l'âge de quatre ans remuait ses doigts et levait ses mains tout comme son père. On a constaté enfin l'hérédité de l'écriture. Il y a des familles où l'usage spécial de la main gauche est héréditaire. Les particularités diverses des états sensoriels se transmettent de la même manière. Presque tous les membres de la famille des Montmorency étaient affectés d'un strabisme incomplet qu'on appelait *la vue à la Montmorency*. L'incapacité de distinguer les diverses couleurs est notoirement héréditaire : le célèbre chimiste anglais Dalton et deux de ses frères en étaient affectés ; aussi cette affection a reçu le nom de *daltonisme*. La surdité et la cécité sont quelquefois héréditaires, quoique rarement ; la surdi-mutité l'est encore plus exceptionnellement. On a cité quelques exemples curieux de transmission de certaines perversités du goût. M. Lucas rapporte, d'après Zimmermann, le fait que voici : en Ecosse, un homme était entraîné par un penchant irrésistible à manger de la chair humaine. Il eut une fille. Quoique séparée de son père et de sa mère, qui furent condamnés au feu avant qu'elle eût un an, quoique élevée au milieu de personnes respectables, cette jeune fille succomba, comme son père, à l'incroyable besoin de manger de la chair humaine. Ce fait touche évidemment à la folie.

La folie se transmet certainement par hérédité. Esquirol a trouvé sur 1,375 aliénés 337 cas de transmission héréditaire. Guislain et d'autres médecins estiment d'une façon générale que le nombre des individus atteints d'aliénation héréditaire représente le quart des malades. M. Moreau (de Tours) et d'autres admettent que la proportion est plus considérable. L'hérédité de la folie ne comprend pas seulement la transmission directe de l'aliénation proprement dite : l'hystérie, l'épilepsie, la chorée, l'idiotie, l'hypochondrie, peuvent provenir de la folie, et réciproquement celle-ci peut les reproduire. En passant d'une génération à l'autre, ces diverses névroses se transforment en quelque sorte l'une dans l'autre.[1] Herpin

---

[1] La simple ivresse alcoolique peut se transformer en névroses profondes. Les enfants conçus pendant un accès aigu d'ivresse sont souvent épileptiques, aliénés, idiots, etc. Ces faits avaient été observés depuis très longtemps. Une loi de Carthage défendait toute autre boisson que l'eau le jour de la cohabitation maritale, et Amyot dit que « l'ivrogne n'engendre rien qui vaille. » Des travaux récents et précis ont démontré que l'enfant engendré dans un accès de délire alcoolique même transitoire porte

(de Genève) a constaté, chez les ascendants de 243 épileptiques, 7 épileptiques, 21 aliénés et 27 individus qui avaient eu des affections cérébro-spinales ; Georget a tiré de nombreuses observations faites à la Salpêtrière la conclusion que les femmes hystériques avaient presque toujours parmi leurs proches parents des hystériques, des épileptiques, des hypochondriaques, des aliénés. M. Moreau a insisté sur la quantité prodigieuse d'états nerveux d'ordre morbide que l'on trouve chez les ascendants des idiots et des imbéciles. Un seul fait permettra de juger des complications variées et bizarres de la transmission héréditaire des névroses. Le docteur Morel a donné ses soins aux quatre frères d'une même famille. Le grand-père de ces enfants était mort aliéné, leur père n'avait jamais rien pu faire de suivi ; leur oncle, doué d'une grande intelligence et médecin célèbre, était connu par ses excentricités. Or ces quatre enfants, produits d'une même souche, présentaient des formes très différentes de troubles psychiques : l'un était maniaque, avec accès périodiques et désordonnés ; le second, mélancolique, était réduit par sa stupeur à un état purement automatique ; le troisième se signalait par une extrême irascibilité et des tendances au suicide ; le quatrième se faisait remarquer par de grandes dispositions pour les arts, mais il était d'une nature craintive et soupçonneuse.

La scrofule, le cancer, le tubercule, la syphilis, la goutte, l'arthritis, la dartre et en général les affections chroniques constitutionnelles auxquelles on a donné le nom de *diathèses* et de *cachexies* passent fort souvent des parents aux enfants. L'hérédité de ces états morbides est presque aussi fréquente et aussi nette que celle des névroses. Il est permis d'affirmer aussi, bien qu'elle soit plus rare, celle des maladies de la peau et surtout du psoriasis.

Rien de plus intéressant, de plus dramatique, que l'évolution de ces maladies héréditaires, qui, déposées à l'état de germe, de simple prédisposition, dans l'économie des enfants, tantôt sont anéanties sans retour par un ensemble de conditions et de précautions heureuses, tantôt commencent immédiatement leur fatal ouvrage de destruction, tantôt se dissimulent pendant des années et se réveillent un jour, impitoyables et terribles, sous l'influence d'excitations diverses. C'est ainsi que l'âge, le sexe, le tempérament, les mœurs, les habitudes, l'hygiène, le milieu, interviennent dans

---

toujours les stigmates indélébiles d'une dégénérescence plus ou moins profonde.

le développement des activités morbides d'origine héréditaire. La folie est rare dans l'enfance ; l'épilepsie éclate le plus ordinairement dans l'adolescence. L'hystérie, la scrofule, le rachitisme et le tubercule apparaissent dans l'enfance et dans l'adolescence, la goutte, la gravelle, les calculs, l'alopécie, le cancer, sont des états héréditaires de l'adulte. — La femme est plus sujette à la folie, à l'épilepsie, à l'hystérie que l'homme. Celui-ci en revanche est atteint beaucoup plus fréquemment de goutte, de gravelle et de calculs. Le tempérament nerveux favorise l'apparition des névroses, le tempérament lymphatico-sanguin celle de l'arthritis et de la dartre, le lymphatique celle de la scrofule. Les changements qui surviennent dans l'équilibre physiologique de l'individu ont une action prononcée sur le mouvement et l'aspect des affections constitutionnelles. Ainsi la folie apparaît souvent à la suite de la menstruation, de la grossesse, de l'accouchement ; l'épilepsie et l'hystérie se déclarent également à l'instant où les indices de la puberté se manifestent. L'éducation et les mœurs ont une influence analogue, les traitements barbares et la sévérité excessive, comme l'absence complète de discipline et le défaut de surveillance, ont souvent des effets déplorables sur le cerveau des enfants. Les excès alcooliques, la bonne chère, sont funestes aux individus nés de parents atteints de goutte et de gravelle, de même que la misère et l'insalubrité du milieu déciment ceux qui portent en eux le germe de la phthisie.

Quoi qu'il en soit, la fatalité des maladies héréditaires est un grand et lugubre fait dont ceux-là seuls ont la pleine et triste connaissance qui sont appelés à en constater chaque jour les conséquences. Il faut voir les infirmités précoces, les longues douleurs, les irréparables catastrophes, les agonies cruelles et lentes auxquelles les parents condamnent souvent leurs enfants en croyant leur transmettre le bienfait de la vie, pour juger de la puissance du génie morbide caché au plus profond de leur être. Il faut lire les auteurs qui ont traité ces questions, et particulièrement nos savants aliénistes français, pour apprendre à connaître l'énergie mystérieuse et malfaisante qu'apporte si souvent avec lui, en ouvrant les yeux à la lumière du jour, l'être innocent et chétif, objet, — en ce court instant d'illusion, — de toutes les joies, de toutes les bénédictions et de toutes les riantes espérances !

En résumé, il est permis de dire que la transmission héréditaire soit des particularités individuelles de structure anatomique et de tempérament, soit des aptitudes à contracter tel ou tel état morbide, — ce qui tient aussi à certaines dispositions corporelles, — est un phénomène très fréquent, non pas constant, chez les animaux et chez l'homme.

La transmission héréditaire des particularités individuelles d'ordre mental ou affectif et des aptitudes à telle ou telle activité spéculative ou morale est un phénomène qu'on observe aussi, mais plus rarement que le précédent. Lorsqu'on parcourt la série des exemples et des témoignages accumulés et invoqués par certains auteurs, on est frappé, il est vrai, de la force apparente de ces arguments, et l'on attribue volontiers une part considérable à l'hérédité dans le développement de l'intelligence et du caractère, dans la genèse de l'individu pensant. On ne voit pas, on oublie le nombre énorme des faits qui déposent en sens contraire. Les illusions de ce mirage n'ont pas été inutiles, en ce sens qu'elles ont suggéré des recherches fort intéressantes ; mais elles seraient dangereuses, si elles accréditaient dans le public les conclusions que quelques auteurs ont tirées de ces recherches. Nous signalerons succinctement le bénéfice réel des unes, et nous essaierons de réfuter les autres.

D'après M. Galton, dans la famille de Richard Porson, célèbre helléniste anglais, la mémoire était si remarquable qu'elle était passée en proverbe : *the Porson memory*. Lady Esther Stanhope, qui a mené une existence si aventureuse, cite, entre beaucoup de ressemblances entre elle et son grand-père, celle de la mémoire. « J'ai les yeux gris et la mémoire locale de mon grand-père, dit-elle. Quand il avait vu une pierre sur une route, il s'en souvenait : moi aussi ; son œil, terne et pâle dans les moments ordinaires, s'illuminait comme le mien d'un éclat effrayant dès que la passion le prenait. » — Les facultés imaginatives et créatrices dont le rôle est prépondérant dans les arts et dans la poésie se transmettent parfois des ascendants aux descendants. M. Galton, dans l'ouvrage qu'il a publié il y a quatre ans,[1] et M. Th. Ribot, dans son livre tout récent, donnent de longues listes de peintres, de poètes et de musiciens destinées à mettre en évidence le rôle de l'hérédité dans

---

1 *Hereditary Genius*, London 1869.

la genèse des talents de ces artistes. Il y a dans ces listes beaucoup de cas où ce rôle ne saurait être révoqué en doute, mais il y en a bien plus encore où il est fort contestable. Ainsi ces auteurs voient une influence de l'hérédité dans le génie poétique de Byron, de Goethe, de Schiller, parce qu'ils retrouvent dans leurs ascendants certaines passions, certains vices ou certaines qualités, comme si ces particularités de caractère étaient déterminantes du génie poétique. En fait, on n'y voit pas un grand poète qui ait reçu ses facultés de ses parents. On y voit qu'un grand poète engendre quelquefois des poètes médiocres, ce qui n'est pas la même chose. L'hérédité des aptitudes à la peinture est plus réelle ; sur une liste de quarante-deux peintres célèbres italiens, espagnols ou flamands, M. Galton en note vingt et un qui ont des parents illustres. Les noms des Bellini, des Carrache, des Téniers, des Van Ostade, des Miéris, des Van der Velde, des Vernet, témoignent assez de l'existence de familles de peintres. On rencontre dans la famille de Titien neuf peintres de mérite. L'histoire des musiciens offre des cas plus surprenants. La famille des Bach commence en 1550 et se termine en 1800 ; son chef fut Veit Bach, boulanger à Presbourg, qui se délassait de son travail par le chant et la musique. Il avait deux fils qui commencèrent cette suite non interrompue de musiciens du même nom qui inondèrent la Thuringe, la Saxe et la Franconie pendant près de deux siècles. Tous furent organistes ou chantres de paroisse ou ce qu'on appelle en Allemagne musiciens de ville. Lorsque, devenus trop nombreux pour vivre rapprochés, les membres de cette famille se furent dispersés, ils convinrent de se réunir une fois chaque année à jour fixe, afin de conserver entre eux une sorte de lien patriarcal. Cet usage se perpétua jusque vers le milieu du XVIIIe siècle, et plusieurs fois on vit jusqu'à cent vingt personnes, hommes, femmes et enfants, du nom de Bach. Dans cette famille, on compte vingt-neuf musiciens éminents et vingt-huit d'ordre inférieur. Le père de Mozart était second maître de chapelle du prince-évêque de Salzbourg. Celui de Beethoven était ténor de la chapelle de l'électeur de Cologne ; son grand-père avait été chanteur, puis maître de la même chapelle. Les parents de Rossini faisaient de la musique dans les foires.

On constate une intervention à peu près aussi efficace et suivie de l'hérédité dans la transmission des passions et des sentiments d'un tout autre ordre qui déterminent les penchants vicieux. Le goût de l'alcool, les habitudes de débauche, la passion du jeu, acquièrent chez certains individus un empire qui ne s'explique que par une fatale prédisposition organique reçue des ancêtres. « Une dame avec laquelle j'ai été lié, jouissant d'une grande fortune, dit Gama Machado, avait la passion du jeu et passait des nuits à jouer : elle mourut jeune d'une maladie pulmonaire. Son fils aîné, qui lui ressemblait parfaitement, était également passionné pour le jeu. Il mourut de consomption, comme sa mère, et presque au même âge qu'elle. Sa fille, qui lui ressemblait, hérita des mêmes goûts, et mourut jeune. » L'hérédité du penchant au vol, au viol, à l'assassinat, au suicide, a été constatée dans nombre de cas.

Au fur et à mesure qu'on s'élève des régions purement physiologiques ou pathologiques à celles où l'activité de l'esprit intervient davantage, on voit l'hérédité perdre de sa force et de sa constance. Il y a eu des familles de savants, celles des Cassini, des Jussieu, des Bernoulli, des Darwin, des Saussure, des Geoffroy, des Pictet. Dans la littérature et l'érudition, on cite les Estienne, les Grotius et quelques autres. Les Mortemart étaient célèbres pour leur esprit Le génie de la politique et celui de la guerre se sont parfois perpétués dans certaines maisons pendant plusieurs générations. A tout prendre, ces faits de transmission des facultés psychiques ne sont pas fréquents. Si on les note avec autant de soin, si on les met en relief, c'est apparemment qu'ils ne sont pas ordinaires, sans compter qu'il y en a plus d'un où l'éducation a eu peut-être autant de part que l'hérédité.

Il a paru, il y a quelques années, un livre intitulé *Phrényogénie* dans lequel on trouve, à côté de beaucoup de propositions chimériques ou paradoxales, une idée qui mérite attention, d'autant plus qu'elle vise une particularité dont les physiologistes ne semblent pas s'être jusqu'ici préoccupés. L'auteur de ce livre, M. Bernard Moulin, cherche à y démontrer que les enfants sont la *photographie* vivante de leurs parents considérés au moment même de la conception ; d'après lui, les parents transmettent aux enfants les goûts et les aptitudes dont l'exercice spontané ou provoqué était alors à son maximum. Les conclusions absolues que M. Moulin tire de ses recherches touchant l'art de procréer des enfants supérieurs font parfois sourire, mais les faits qu'il cite à l'appui sont curieux. En voici quelques-uns. Neuf mois avant la naissance de Napoléon Ier, la Corse était en pleine discorde. Le célèbre Paoli, à la tête d'une armée de citoyens formée par ses soins, tâchait d'éteindre la guerre civile et de prévenir une invasion d'étrangers. Charles Bonaparte, son aide-de-camp et son secrétaire, déployait à ses côtés un admirable courage. Le jeune officier avait près de lui sa femme, Lœtitia Ramolino, d'une beauté romaine, d'un mâle et puissant caractère. Napoléon fut conçu sous la tente, la veille d'un combat, à deux pas des batteries tournées vers l'ennemi. — Robespierre datait de l'année 1758, qui vit tenailler et écarteler en place de Grève le régicide Damiens, année de guerre, de famine, de mécontentement. Son père était avocat et lecteur insatiable du *Contrat social*. — Pierre le Cruel, roi de Castille, naquit d'Alphonse XI, qui vivait en mésintelligence avec sa femme. Des scènes scandaleuses de colère, de jalousie, d'emportement, troublaient perpétuellement le ménage royal, et le résultat du commerce des deux époux fut Pierre le Cruel, monstre de laideur physique et morale. — L'histoire nous-montre les parents de Raphaël adonnés tous deux à l'art de la peinture. L'épouse, vraie madone, se complaisait dans les sujets gracieux et pieux ; le père, barbouilleur énergique, avait pour lui la force.

M. Ribot, dans l'ouvrage remarquable qu'il vient de consacrer à l'hérédité, recherche les lois de cette mystérieuse influence, qu'il considère comme une sorte d'habitude, de mémoire éternelle. Ces lois ne sont guère que la constatation des directions habituelles de l'impulsion héréditaire. Tantôt l'hérédité va du père à la fille, de la mère au fils ; tantôt l'enfant tient de ses deux parents. Enfin, il arrive souvent que l'enfant, au lieu de ressembler à ses parents immédiats, ressemble à l'un de ses grands parents ou à quelque ancêtre encore plus reculé, ou à quelque membre éloigné d'une branche collatérale de la famille. C'est ce qu'on a nommé l'*atavisme* ou l'hérédité en retour.[1] Ce dernier fait était bien connu

---

1 On a rapproché de l'atavisme le singulier phénomène des générations alternantes. En 1818, Chamisso découvrit, en étudiant les *biphores* ou *salpas*, que ces animaux sont tour à tour libres ou agrégés. A la première génération, on trouve les biphores *chaînes*, produits par gemmation ; à la deuxième, les biphores *solitaires*, produits par des spores ; à la troisième, on retrouve les biphores chaînes, en sorte que le fils ne ressemble jamais à son père et ressemble toujours à son grand-père. Les travaux de Saars et de Steenstrup ont fait voir que chez d'autres animaux le cycle dépasse trois générations, et que la ressemblance, au lieu d'aller de l'aïeul au petit-fils, va du bisaïeul à l'arrière-petit-fils.

des anciens. — Montaigne s'en émerveille. « Quel monstre, dit il, est-ce que cette goutte de semence, de quoy sommes produits, porte en soy les impressions non de la forme corporelle seulement, mais des pensemens et inclinations de nos pères ? Cette goutte d'eau, ou loge-t-elle ce nombre infiny de formes ? et comment porte-t-elle ces ressemblances d'un progrez si téméraire et si desreglé que l'arrière petit fils répondra à son bisaïeul, le nepveu à l'oncle ? » L'étonnement de Montaigne est légitime, et on ne connaît pas plus aujourd'hui qu'au XVIe siècle les causes de ces bizarres transmissions.

Tels sont les faits. C'est en vain qu'on les multiplierait ou qu'on les commenterait pour en changer le caractère. Les exemples d'hérédité ne seront jamais, dans le domaine psychologique, que des exceptions, comparés à ceux qui en représentent la contre-partie. Or, si ce sont des exceptions, de quel droit établit-on l'hérédité comme loi générale du développement de l'activité intellectuelle, de quel droit affirme-t-on qu'ici l'hérédité est la règle et la non-hérédité l'exception ? M. Ribot accumule les arguments les plus subtils pour étayer cette singulière proposition, mais il y perd son temps et son talent. De quelque façon qu'on explique comment l'hérédité des aptitudes intellectuelles est vaincue presque constamment par des causes antagonistes ou perturbatrices, elle n'en est pas plus victorieuse. Par quelques raisons ingénieuses qu'on se console de voir la souveraineté idéale de l'hérédité réduite, dans la nature des choses, à une très médiocre autorité, celle-ci n'en est pas plus grande. Bref, si en fait la non-hérédité a beaucoup plus d'empire que l'hérédité, on se demande pourquoi M. Ribot adopte une formule qui implique tout le contraire.

Est-ce que d'ailleurs le spectacle du développement de la civilisation n'atteste pas à lui seul l'efficacité prépondérante, au sein de l'homme, d'une éternelle tendance à la métamorphose, à l'innovation, au changement ? La fixité des pensées et l'immobilité des habitudes ont été, il est vrai, la loi des peuplades primitives, et sont encore aujourd'hui celle des tribus sauvages ; mais d'abord rien ne prouve que l'hérédité en soit cause. Cette répétition plus ou moins longue de sociétés identiques paraît plutôt devoir être attribuée à l'instinct irrésistible et puissant de l'imitation et au respect absolu des rites et des coutumes décrétés par la religion.

Chez ces peuples, l'avenir ne ressemble au présent et le présent au passé que parce que la même règle inflexible, la même autorité et la même superstition tyrannique s'imposent indistinctement à tous, Rien n'y a de force et de crédit que par la tradition, et la tradition n'y est que le souvenir révéré d'une volonté exprimée jadis par les mystérieuses puissances. Quand les Anglais veulent associer les Hindous aux travaux de voirie et de salubrité qu'ils exécutent dans l'Inde, ils sont obligés encore aujourd'hui d'assurer que l'utilité de ces travaux a été comprise par les brahmanes des époques les plus reculées, tant cette vieille race a de peine à s'imaginer qu'une règle puisse être obligatoire sans être traditionnelle.

Quoi qu'il en soit, et quelque part que l'hérédité puisse avoir ici, il est certain que cette part n'est pas grande, puisque cette singulière homogénéité des races primitives, au lieu de se conserver et de se fortifier, fait place tôt ou tard à la diversité. Chaque peuple est envahi à son tour par une force aussi capable d'agir dans un sens opposé à celui des influences héréditaires que de secouer le joug de fer des coutumes originelles. C'est en Grèce, il y a près de trois mille ans, que le premier essor de cette force détermina ce que Goethe appelle « la libération de l'humanité. » Depuis lors les croisements des races distinctes, les besoins nouveaux et les inventions variées qu'ils ont perpétuellement suggérées, les idées que l'homme a conçues, grâce à un contact de plus en plus intime avec la nature, ont substitué à la simplicité primitive une variabilité multiple et irrésistible dont l'état du monde est la preuve évidente.

Section II

Ceci n'est qu'une réfutation historique. Une réfutation plus scientifique et plus directe sera aussi plus décisive et plus instructive. Après avoir établi que l'hérédité n'a pas exercé une influence exclusive et continue, il faut dire les causes qui agissent en même temps qu'elle et contrairement à elle. Il faut montrer l'activité permanente et puissante de ces forces qui tendent, comme nous l'avons dit, à modifier, transformer, compliquer les pensées, les sentiments, les passions, les mœurs, les coutumes.

L'éducation a pour objet spécial de transmettre à l'enfant la somme des habitudes auxquelles il devra se conformer dans la pratique de la vie et la somme des connaissances qui lui seront indispensables pour l'exercice de sa profession ; mais il faut qu'elle commence par développer en lui les facultés qui lui permettront de s'approprier ces habitudes et ces connaissances. Elle apprend à l'enfant à parler, à se mouvoir, à regarder, à sentir, à entendre, à comprendre, à juger, à aimer. Or l'influence de l'éducation, opposée à celle de l'hérédité, est si grande que c'est à la première seule qu'appartient, dans la plupart des cas, le pouvoir de réaliser la ressemblance morale et psychologique des enfants et des parents. Si l'hérédité déterminait irrésistiblement et sûrement chez les descendants la reproduction de tous les caractères constitutifs de la personnalité des ascendants, l'éducation serait inutile. Du moment que l'éducation, et une éducation prolongée, vigilante, laborieuse, est indispensable pour provoquer l'apparition et réaliser le développement des aptitudes et des qualités de l'esprit chez l'enfant, il faut bien conclure que l'hérédité ne joue qu'un rôle secondaire dans cette admirable genèse de l'individu moral. Cet argument est irréfutable. Que les influences héréditaires s'accusent par des prédispositions, par des tendances déterminées, il serait peu scientifique de le nier ; cependant il serait tout aussi inexact de prétendre qu'elles contiennent implicitement les états futurs, et gouvernent l'évolution de l'être psychique.

Rien de plus compliqué que l'éducation. Il ne peut être question ici d'en approfondir l'économie générale, qui a fait l'objet de tant d'écrits. L'importance qu'on attache partout aux ouvrages de pédagogie est à elle seule une protestation contre l'abus des théories héréditaristes. Quelques détails nouveaux sur un des ressorts principaux de l'éducation, sur l'instinct d'imitation, et la part qu'il a dans le développement des individus et des races, suffiront pour faire apprécier l'énergie des influences étrangères à l'hérédité.

Un savant historien anglais, M. Bagehot, a écrit récemment des pages excellentes pour montrer combien l'imitation inconsciente d'un caractère ou d'un type préféré et la faveur générale accordée à ce caractère ou à ce type, dont le public copie instinctivement les traits, ont d'influence dans la formation des coutumes et des goûts, en même temps qu'ils en expliquent les révolutions périodiques. D'après lui, un caractère national n'est qu'un caractère local qui a fait fortune, exactement comme la langue nationale n'est que l'extension durable d'un dialecte local. Rien de plus réel que la force de cette tendance à l'imitation, grâce à laquelle, dans l'industrie, dans les arts, dans la littérature, dans les mœurs, certaines manières de faire, inventées dans des conditions très particulières, prennent un ascendant général et s'imposent rapidement d'abord à la foule docile et irréfléchie, puis aux personnes les plus capables d'examen et de résistance. Il convient à ce propos de remarquer que l'élite est presque toujours contrainte d'obéir aux goûts et aux exigences de la masse, sous peine d'être ignorée ou dédaignée. Un écrivain imagine un genre que le public accueille avec enthousiasme ; c'est une veine. Il accoutume les lecteurs de ses livres, les spectateurs de ses pièces à ce genre, bon ou mauvais, et voilà pour un temps tous les auteurs plus ou moins condamnés, s'ils veulent réussir, à imiter l'heureux novateur. Ainsi, quand même on n'imiterait point par instinct ou par nature, on imiterait par nécessité ou par intérêt. On demandait un jour au fondateur du *Times* comment il se faisait que les articles de ce journal semblaient tous sortir de la même main. « Oh ! répondit-il, il y a toujours un rédacteur supérieur aux autres, et tout le reste l'imite. »

L'histoire des religions tout entière est pleine de faits qui attestent à quel point les hommes sont guidés non par des arguments, mais par des modèles, et quelle tendance ils ont à reproduire ce qu'ils ont vu ou entendu, à régler leur existence d'après les exemples brillants et triomphants qu'ils ont sous les yeux. Beaucoup des victoires dont l'apostolat fait honneur aux moyens persuasifs dépendent bien plus de cette impulsion secrète qui nous tourne irrésistiblement à imiter les autres. Est-ce que cette efficacité du milieu, pour transformer peu à peu et radicalement les habitudes, les opinions et même les croyances, ne ressort pas aussi du spectacle de la société politique ? Y a-t-il rien de plus facile à un homme qui s'est emparé de la foule que de l'amener à ses sentiments, à ses idées, à ses chimères ? Est-ce que cela ne ressort pas avec une égale netteté de l'expérience quotidienne que procure l'éducation des enfants ? On remarque souvent que, dans une institution de jeunes gens, les caractères extérieurs, le ton, les allures, les jeux, changent d'une année à l'autre. C'est que quelques esprits dominateurs, deux ou trois enfants qui avaient de l'ascendant, sont partis. Il en est venu d'autres, et tout s'est transformé. Les modèles changeant, les copies ont changé. On applaudit autre chose et on raille autre chose. — L'instinct d'imitation est particulièrement développé chez les hommes qui manquent d'éducation ou de civilisation. Les sauvages copient plus vite et mieux que les Européens. Comme les enfants, ils sont naturellement mimes, et ne peuvent s'empêcher d'imiter ce qui se fait devant eux. Il n'y a rien dans leur esprit qui puisse combattre cette tendance à l'imitation. Tout homme éclairé possède en lui-même une réserve considérable d'idées au milieu desquelles il peut se replier ; cette ressource manque au sauvage et à l'enfant : les faits qui s'accomplissent devant eux sont leur propre vie. Ils vivent de ce qu'ils voient, de ce qu'ils entendent ; ils sont les jouets de l'extérieur. Dans les nations civilisées, les gens sans culture en sont là Envoyez une femme de chambre et un philosophe dans un pays dont ils ne connaissent la langue ni l'un ni l'autre, il est probable que la femme de chambre l'apprendra avant le philosophe. Celui-ci a autre chose à faire. Il peut vivre avec ses pensées, mais elle, si elle ne parle pas, elle est perdue. L'instinct d'imitation est en raison inverse de l'esprit d'abstraction. On voit par ces détails que cette force instinctive et énergique d'imitation, dont le rôle est si grand dans l'éducation des individus et des races, diffère complètement de l'hérédité. Elle peut agir, et elle agit de concert avec les impulsions héréditaires, mais elle travaille bien plus souvent d'une façon indépendante et même opposée. Cela n'est pas moins vrai d'une autre force, rivale plus résolue, antagoniste plus puissante de l'hérédité, et dont il faut maintenant considérer l'ouvrage : c'est la personnalité.

Instrument par excellence de la libre invention, ressort indéfectible de la spontanéité innovatrice, la personnalité individuelle de l'esprit peut être désignée, par opposition au mot hérédité, sous le nom d'*innéité*. Pour donner une idée de la puissance de l'innéité comparée à celle de l'hérédité, on pourrait dresser des listes où l'on rangerait les cas dans lesquels la manifestation des diverses passions ou des divers talents ne procède point des ancêtres, dans lesquels l'individu est né distinct de ses ascendants ou s'en est distingué par la réaction de sa propre volonté. Ces listes seraient infinies parce que, contrairement à l'opinion des partisans de l'hérédité absolue, c'est l'innéité, c'est l'activité personnelle qui est la règle générale dans l'évolution de l'esprit. En somme, — et ceci est essentiel, — l'hérédité a sa racine dans l'innéité, car enfin ces aptitudes, ces qualités que les ascendants transmettent, à partir d'un certain moment et pour une durée plus ou moins longue, à leurs descendant, ces aptitudes et ces qualités ont nécessairement pris naissance à ce moment par l'essor spontané d'une volonté plus ou moins indépendante. On cite d'une part des fous, des hystériques, des épileptiques, de l'autre des peintres, des musiciens, des poètes, qui tiennent évidemment de leurs parents l'activité ou malfaisante ou bienfaisante qui les caractérise. A merveille, mais la question est maintenant de savoir d'où les parents eux-mêmes la tenaient à leur tour, et s'il n'est pas nécessaire de s'arrêter dans l'examen rétrospectif de l'ascendance à un point où l'innéité a été souveraine. Cette souveraineté est d'autant moins contestable qu'elle ne tarde pas à reparaître d'ailleurs dans la descendance. Les effets de l'hérédité ont une fin comme ils ont un commencement : ils triomphent d'abord de l'innéité, dont ils suspendent l'influence, puis, ils s'épuisent, et celle-là reprend ses droits. Ainsi l'innéité est la force continue et permanente, tandis que l'hérédité est la force intermittente et transitoire. La nature humaine, considérée dans les siècles, est une succession d'âmes libres, d'autant plus libres qu'elles ont moins besoin, pour vouloir et pour agir, du concours des puissances mécaniques ou organiques. Quand elles requièrent un tel concours, elles abdiquent une partie de leur indépendance innée au profit des influences aveugles de l'hérédité. Cependant, même en ce qui concerne l'origine des aptitudes esthétiques, l'innéité garde la prépondérance.

En étudiant l'histoire des hommes célèbres, combien ne trouve-t-on pas d'imaginations brillantes, d'aptitudes exceptionnelles aux arts, à la poésie, à bien écrire, qui ne procèdent aucunement de l'hérédité ! Il n'y a pas besoin d'en chercher loin de nous des témoignages. Lamartine, Alfred de Musset, Meyerbeer, Ingres, Delacroix, Mérimée, ont manifesté des talents dont ils ne sont redevables en rien à leurs ascendants. L'histoire des savants proprement dits nous montre la part de l'hérédité plus réduite encore. On cite des familles de savants. Combien y en a-t-il ? Une douzaine au maximum. En revanche, combien de savants illustres parmi les ascendants desquels on ne rencontre que des gens ordinaires ou remarquables par des talents bien différents de ceux qui caractérisent le savant ! Où sont les influences héréditaires qui ont formé un Cuvier, un Biot, un Fresnel, un Gay-Lussac, un Ampère, un Blainville ? Il est clair qu'ici l'innéité et l'éducation ont joué le principal rôle. La vie des écrivains n'est pas plus d'accord avec les prétentions des partisans absolus de l'héréditarisme.

Où l'innéité semble plus particulièrement triompher, c'est parmi les philosophes. Les auteurs ne donnent pas de listes de philosophes ayant hérité de leurs ancêtres des aptitudes à la spéculation. Il y a là une série de faits expressément négatifs qu'ils passent sous silence et que l'on ne considère point assez d'habitude. Les métaphysiciens, justement parce qu'en eux l'élément spirituel seul travaille, sont affranchis de toutes les influences du déterminisme héréditaire. Celui-ci est d'autant moins actif qu'il donne lieu à la transmission de caractères moins physiologiques et plus psychologiques. Or quoi de plus psychologique, quoi de plus exempt d'éléments sensoriels et de facteurs mécaniques que l'âme d'un spéculatif ? , En réalité, les grands métaphysiciens n'ont pas eu d'ancêtres et n'ont pas laissé de postérité. Le génie philosophique a paru toujours absolument individuel, inaliénable et intransmissible. Il n'y a pas un seul penseur célèbre dans l'ascendance ou la descendance duquel on puisse retrouver l'indice précurseur ou le souvenir des aptitudes éminentes qui ont fait sa gloire. Descartes et Newton, Leibniz et Spinoza, Diderot et Hume, Kant et Maine de Biran, Cousin et Jouffroy, n'ont ni aïeux ni postérité.

Telle est l'innéité. Il faudrait, pour en apprécier exactement le rôle, établir d'une façon générale et dans ses rapports avec le tempérament, l'éducation, le milieu cosmique et social, etc., la genèse et le développement des aptitudes par lesquelles tel homme supérieur se distingue nettement de ses ascendants, rassembler, en essayant de les ordonner, les éléments caractéristiques qui constituent l'essence même de la personnalité et de l'individualité, ces éléments de liberté innovatrice et d'indépendance plénière, si étonnants et si puissants, par où le génie s'affirme. On verrait alors comment la plupart du temps les aptitudes supérieures sont tellement intimes à ceux qui les manifestent, tellement profondes et vivaces, que l'éducation et la discipline, au lieu d'en favoriser, en contrarient le progrès. On discernerait chez l'homme de génie une précocité sûre d'elle-même, une ardeur entreprenante, un sentiment énergique de sa mission, une fierté qui l'élève au-dessus des préjugés de secte, des ambitions de parti, et l'attache exclusivement à l'objet de ses pensées, qui seul lui fait aimer la vie. Quand même les nécessités temporelles l'obligent à subir le commerce des hommes, le monde n'est pour lui qu'un désert populeux où son âme habite solitaire.

Les matériaux de cette étude existent en partie ; on les trouverait dans les biographies écrites depuis deux cents ans par les secrétaires des grandes académies, dans les mémoires autobiographiques que beaucoup d'hommes célèbres ont laissés eux-mêmes. Un ingénieux et savant écrivain russe, M. Wechniakof, a publié récemment plusieurs écrits où il recherche à ce point de vue les particularités anthropologiques et sociologiques qui ont influé sur le développement individuel des génies originaux. Malheureusement ces opuscules ne forment pas un tout, et cependant rien ne serait plus curieux et plus utile qu'un *Traité de l'innéité*.

L'ensemble de toutes les causes de diversité, d'hétérogénéité et d'innovation qui travaillent dans l'humanité en opposition avec tes principes de simplicité, d'homogénéité et de conservation, peut être désigné par un seul mot, celui d'évolution ou de progrès. Considérée dans les limites de l'observation positive, la nature aveugle reste identique à elle-même. Elle est aujourd'hui, vue dans l'ensemble, ce qu'elle était au temps d'Homère, et ce qu'elle sera certainement dans plusieurs siècles, ce sont toujours les mêmes cieux, les mêmes océans, les mêmes montagnes, les mêmes forêts et les mêmes fleurs. L'homme au contraire se transforme continuellement. Les générations se suivent et ne se ressemblent point. Elles sont, sous le rapport, des croyances, des connaissances, des arts, des besoins, dans un état de permanente et rapide métamorphose. Les nations, comme les individus, ont des grandeurs et des décadences. « Ton ciel est toujours aussi bleu, s'écrie Childe-Harold en face du paysage grec, et tes rochers toujours aussi sauvages ; tes bocages sont aussi frais, tes plaines aussi verdoyantes ! Tes olives mûrissent comme au temps où tu voyais Minerve te sourire ; le mont Hymette est toujours riche en miel blond ; la joyeuse abeille, toujours libre d'errer sur tes montagnes, y bâtit encore sa citadelle odoriférante. Apollon n'a pas cessé de dorer de ses rayons tes longs étés ; le marbre de Mendeli n'a rien perdu de son antique blancheur ; les arts, la gloire, la liberté passent, mais la nature reste belle ! »

On pourrait multiplier à l'infini ces oppositions historiques de l'immutabilité du déterminisme universel qui règne dans la nature avec le mouvement incessant de la liberté et de l'invention humaines, avec l'effort perpétuel de l'âme pour se dégager des étreintes de la fatalité. L'histoire n'est pas autre chose que le récit de ce que ce mouvement et ces efforts ont produit dans les siècles. C'est un long drame où le bon génie de la liberté dispute l'empire au mauvais génie de la force brutale, où, sous l'œil et avec l'aide de Dieu, se gagne lentement et péniblement la victoire de l'esprit, qui cherche, découvre, invente, crée, aime, adore.

Section III

Dans la première partie de cette étude, nous avons établi l'existence des faits d'hérédité, et montré quel rôle ils jouent dans la répétition indéfinie des caractères physiologiques et psychologiques de l'homme. Dans la seconde, nous avons signalé et examiné les causes qui agissent contrairement aux impulsions plus ou moins tyranniques de la nature et aux nécessités du mécanisme. Il convient maintenant de donner des conclusions pratiques touchant l'emploi qu'on peut faire de ces connaissances pour le perfectionnement de la race.

Les héroïques combattants d'Homère invoquaient le nom de leurs pères, celui de leurs aïeux et le sang généreux qu'ils en avaient reçu. C'était d'un noble instinct, et les hommes qui peuvent se vanter à bon droit de leurs aïeux auront toujours beaucoup de chances pour mériter aussi la reconnaissance de leurs enfants. Les phénomènes d'hérédité autorisent en effet à croire que des parents bien constitués de corps et d'esprit sont dans les meilleures conditions pour s'assurer une postérité qui leur ressemblera.

Comment donc s'y prendre pour réaliser des alliances heureuses, capables de donner lieu à des enfants remarquables sous le rapport du physique et du moral ? C'est là une question très délicate, on le conçoit, et à laquelle nous ne pouvons ici que répondre d'une façon très générale, en nous appuyant particulièrement sur un écrit encore inédit de notre célèbre chirurgien M. Sédillot, qui emploie les loisirs, de son honorable retraite à des études sur le moyen de perfectionner la race. M. Sédillot pense d'abord qu'on peut obtenir d'excellents renseignements sur la valeur d'un individu en consultant sa généalogie : l'histoire de ses ascendant pendant quatre ou cinq générations, tracée au point de vue de l'intelligence, de la moralité, de la force, de la santé, de la longévité, du rang social, contient en puissance une partie de sa propre histoire à lui. L'examen de la tête peut procurer aussi des indications du plus grand prix. Il a été établi bien avant Gall, et il reste établi, en dehors des exagérations de Gall, que la forme de la tête révèle dans une certaine mesure le degré de la valeur mentale de l'homme. Dès l'antiquité la plus reculée, la sagacité populaire avait remarqué la relation qui existe entre une tête volumineuse et des capacités supérieures, et le langage est plein de locutions qui attestent la justesse de cette relation. Périclès excitait déjà l'étonnement des Athéniens à cause du volume extraordinaire de sa tête. Cromwell, Descartes, Leibniz, Voltaire, Byron, Goethe, Talleyrand, Napoléon, Cuvier, etc., avaient des têtes énormes. On sait que le cerveau de Cuvier pesait 1,829 grammes, tandis que le poids moyen du cerveau des Européens est, d'après M. Broca, de 1,350 à 1,400 grammes. M. Sédillot regrette qu'on ne possède pas et voudrait qu'on se préoccupât de prendre la mesure des diverses dimensions du crâne chez les hommes notoirement connus par des aptitudes déterminées, afin de rechercher les rapports si utiles à connaître qui pourraient exister entre ces dimensions et ces aptitudes. Du moins on sait d'une façon générale quels caractères et quelles proportions du crâne correspondent aux divers degrés d'activité cérébrale. La plupart des anthropologistes reconnaissent que l'homme dont la tête ne présente pas 50 centimètres de circonférence horizontale est (presque forcément médiocre et que celui chez qui cette circonférence atteint ou dépasse 58 centimètres a beaucoup de chances pour être très supérieur. On cite, il est vrai, quelques exemples d'hommes célèbres dont la tête était petite, mais il s'agit alors d'hommes distingués dans une spécialité fort restreinte. Ces dimensions ne constituent d'ailleurs qu'un des indices extérieurs par où il est possible de déterminer approximativement la valeur intellectuelle de l'individu. Il importe de considérer d'autre part la forme d'ensemble et les proportions relatives des diverses régions du crâne, c'est-à-dire l'harmonie qu'on appelle beauté. Un moyen facile, d'après M. Sédillot, d'apprécier la conformation de la tête est de la regarder de côté ou de profil, et un peu d'arrière en avant. On est immédiatement frappé des rapports de hauteur et de largeur du front et de la tempe avec la face, et l'on voit nettement les proportions relatives des contours antérieur ou frontal et postérieur ou occipital de la tête. Toute personne dont les arcades sourcilières sont saillantes, les tempes découvertes, droites où presque verticales et élevées, dont le front est large et haut, dont la physionomie n'est ni égarée, ni endormie, peut être considérée en général comme réalisant un type vraiment humain, comme l'enveloppe d'une âme capable d'honorer l'espèce. — On raconte qu'un jour un Anglais envoya son groom dans une taverne pour y chercher Shakespeare, qui était son ami. « Comment le reconnaîtrai-je ? fit le groom. — Rien de plus simple, répondit le maître. Chaque figure a quelque ressemblance avec celle d'un animal ; mais en voyant Shakespeare tu diras : Voilà l'homme ! » L'homme conçu dans la plénitude de sa beauté harmonieuse, oui, voilà l'idéal vers la réalisation duquel doivent tendre les efforts de notre actuelle et imparfaite humanité, et il est temps qu'on ne néglige rien pour se rapprocher, par un habile emploi de l'hérédité, c'est-à-dire par de saines procréations, d'une race humaine où les derniers vestiges de l'animalité auront disparu, où l'*homme* sera moins rare !

Qu'est-ce qui fait la supériorité de l'aristocratie anglaise ? C'est la constante préoccupation qui l'anime de doter sa descendance des meilleures qualités corporelles, intellectuelles et morales. L'Anglais ne se marie point par caprice ou par passion ; il se marie dans les conditions les plus capables d'assurer le bonheur de ses enfants, car il sait que le sien et l'honneur de son nom en dépendent. Le respect dont on entoure les jeunes Anglaises, l'honnête liberté dont elles jouissent, l'importance secondaire qu'on attache à leur fortune et le cas que l'on fait de leur mérite personnel sont autant de causes qui augmentent chez ce peuple le nombre des alliances heureuses, et par suite fortifient la population. C'est là un des grands secrets du perfectionnement par l'hérédité. Il faut que les hommes, au lieu de demander la richesse à leurs fiancées, leur demandent la beauté, le caractère et la vertu. Tant qu'ils ne craindront pas de s'allier à des femmes débilitées ou dépourvues de qualités sérieuses, la race s'altérera et s'abâtardira. Le même déplorable résultat est aussi la conséquence du mariage des femmes distinguées et bien constituées avec des individus plus ou moins dégradés. Par bonheur, le tact et la dignité instinctive des femmes, la sympathie naturelle qui les porte vers les supériorités, les empêchent le plus souvent de s'abaisser à des unions humiliantes ou dangereuses, et les prémunissent presque toujours contre les mésalliances. « Au lieu de s'abandonner aux entraînements sympathiques, dit M. Sédillot, qui troublent facilement le jugement, qu'on se demande, à la vue d'une personne qui plaît, si l'on désirerait avoir des fils et des filles à sa ressemblance, et l'on sera surpris de la fréquence des réponses négatives. Il serait peu raisonnable sans doute de sacrifier des avantages présents à ceux d'une destinée incertaine, mais la sagesse commande de les concilier et de se rappeler la rapidité du temps et le peu de valeur de l'heure qui s'écoule, en comparaison des espérances et des satisfactions de l'avenir. » M. Sédillot ajoute qu'en des temps ordinaires l'hygiène, l'évidence morale des avantages de la santé et de l'intelligence, suffiraient à la reconstitution d'un peuple. Malheureusement la France a besoin pour se relever d'un ressort plus énergique et plus efficace ; il faut qu'elle se retrempe aux sources mêmes de la régénération et de la vie, c'est-à-dire qu'elle songe aux moyens les plus rapides d'assurer aux générations qui se préparent un avenir de vertu et d'ardeur. A une autre époque, il a pu paraître difficile ou indiscret de faire intervenir dans les questions relatives à la reproduction de l'homme des calculs et des estimations qui ne sont pas sans analogie avec ceux de la zootechnie, où la *sélection* est depuis si longtemps mise en pratique. Aujourd'hui ces scrupules délicats doivent disparaître devant les avertissements de la nécessité, qui nous dit de sa voix la plus grave et la plus solennelle qu'il n'y a plus une faute à commettre.[1]

Il est nécessaire à ce sujet de signaler les moyens de prévenir et d'atténuer autant que possible la fatale hérédité morbide qui est un obstacle si puissant au perfectionnement. Les moyens préventifs ou *prophylactiques* qu'il convient d'opposer à l'évolution des germes de maladie dépendent, on le conçoit, de la nature de ceux-ci. Une

---

1 Relativement aux caractères extérieurs qui peuvent donner quelque idée des aptitudes, il faut consulter les remarquables travaux de M. Quételet, résumés dans le récent ouvrage qu'il a publié sous le titre de *Anthropométrie*.

mère phthisique ou prédisposée aux tubercules ne doit pas allaiter son enfant ; elle doit le confier à une excellente nourrice. Les individus nés de parents poitrinaires supportent mal un régime trop animalisé ; les viandes blanches et les aliments maigres leur conviennent davantage. En ce qui concerne la profession, ces individus auront soin d'éviter celles qui les exposeraient à respirer des poussières, à subir des alternatives de chaud et de froid, à se livrer à un exercice habituel de la voix. Le séjour dans les stations maritimes du midi et dans les lieux où la phthisie est rare est la meilleure prophylactique contre cette redoutable maladie. Ce qu'il faut particulièrement aux individus prédisposés à la scrofule, c'est un air pur, une nourriture substantielle et tonique, et l'atmosphère maritime du nord-ouest de l'Europe. Ceux qui sont menacés de la goutte ou de la gravelle doivent s'astreindre à la plus grande sobriété et se donner beaucoup d'exercice. La régularité et l'uniformité de la vie sont la règle des prédisposés au cancer. Les individus qui comptent des épileptiques parmi leurs ascendants réclament les soins les plus attentifs. Il faut assurer chez eux le calme de toutes les fonctions, leur interdire tous les excès, leur éviter toutes les fatigues, les mettre à l'abri de toutes les émotions, en un mot éloigner d'eux tout ce qui excite. Les prédisposés à la folie doivent être traités d'une façon analogue, c'est-à-dire avec une grande douceur ; il faut tâcher d'endormir chez eux les passions. L'existence qui leur convient le mieux est celle où il n'y a ni forte activité intellectuelle à dépenser, ni gloire, ni fortune à espérer. Prévenir ou enrayer au sein même des individus le développement des germes morbides n'est ici que l'accessoire ; le principal est d'empêcher le passage de ces germes dans les nouvelles générations. Or, pour atteindre se résultat, il n'importe pas seulement de multiplier et de faciliter les mariages conformes aux lois de l'hygiène et de la morale, il faut encore s'opposer aux alliances d'où il ne peut sortir que des enfants misérables d'esprit et de corps. Les médecins doivent employer toute leur influence pour défendre l'union de deux époux atteints l'un et l'autre dans les profondeurs de leur constitution par une prédisposition aux diverses névroses, aux tubercules, à la scrofule, etc. Quand l'un des deux époux a des antécédents héréditaires morbides, le médecin doit insister tout au moins sur la nécessité de donner, comme conjoint à l'individu qui n'est pas d'une constitution irréprochable, un époux ou une épouse d'un état de santé parfait, d'une force et d'une sexualité supérieures, et surtout d'un tempérament contraire. De la sorte, on atténue plus ou moins les chances de contamination héréditaire auxquelles il serait préférable de ne pas exposer du tout sa progéniture. C'est là une question trop délicate pour que nous y insistions ici. Nous devons dire quelque chose cependant des unions entre consanguins, qui ont donné lieu à de si vives controverses dans ces dernières années. Certains médecins et anthropologistes, M. Broca et M. Bertillon entre autres, soutiennent que tes races les moins mélangées, les plus pures, résistent mieux que les races croisées aux causes de dégénérescence. D'après eux, les méfaits attribués à la consanguinité dépendent de motifs tout à fait étrangers, et principalement des affections héréditaires des ascendants. Trousseau et Boudin affirment de leur côté que les mariages entre individus de la même famille engendrent souvent des produits malsains, des fous, des idiots. Le différend semble être terminé aujourd'hui en faveur des partisans de la première opinion. Tout dernièrement encore, M. Auguste Voisin a constaté, en interrogeant les parents de plus de 1,500 malades de Bicêtre et de la Salpêtrière, que l'état d'aucun de ces malades ne pouvait être attribué à l'influence de la consanguinité. Si celle-ci était une cause aussi décisive de dégénérescence, on en aurait vu les effets parmi cette foule d'aliénés et d'idiots.

En tout cas, et quelque exagération qu'il puisse y avoir chez les théoriciens de l'hérédité, celle-ci a une part incontestable dans la genèse du tempérament et du caractère, et la réalité de ce fait suffit pour autoriser toutes les pratiques de nature à faciliter la transmission des meilleures aptitudes. A Rome, les femmes les plus remarquables et les plus respectées apportaient parfois à une autre famille du consentement de leurs époux, la supériorité de leur sang. Quintus Hortensius, ami et admirateur de Caton, n'ayant pu obtenir sa fille Porcia, lui demanda sa femme Marcia, et Caton la lui céda. La grossièreté de pareilles coutumes choque notre délicatesse, mais elle s'explique très, bien par le désir qu'avait le chef de la famille romaine d'assurer à ses descendants la plus mâle vigueur et les plus solides vertus. — Dans notre ancienne société, le maintien des maîtrises, des charges, des professions dans les mêmes familles, où, elles se continuaient de père en fils, a eu pour origine et pour base l'observation inconsciente de la transmission héréditaire des aptitudes ; et M. Sédillot regrette que les bouleversements de la société moderne aient fait disparaître cette tradition salutaire, qui astreignait moralement, à tous les degrés de l'échelle sociale, le fils à remplacer le père. C'est là encore un souvenir qui ne doit pas être oublié des races qui ont souci de leur propre perfectionnement.

Ce qu'elles ne doivent pas perdre de vue non plus, et ce qui est d'une application plus facile, ce sont les préceptes d'une vigilante et intelligente éducation. Sous ce rapport, les hommes qui ont le plus de souci de l'avenir de la France n'ont aujourd'hui qu'une opinion : il faut fortifiée les nouvelles générations, en donnant une plus grande place aux exercices corporels et en fatiguant moins les enfants de travaux funestes à la santé. Il ne s'agit pas de toucher aux études classiques ni aux humanités, qui demeureront le principal élément de la culture morale, il est question seulement de rechercher si les enfants ne pourraient pas faire connaissance un peu plus vite et un peu mieux avec les trésors de la latinité et de l'hellénisme, et vivre un peu plus dans le commerce des choses modernes. Il y en a beaucoup qu'on ne leur enseigne pas et qu'on pourrait leur enseigner au grand bénéfice de leur développement intellectuel. Ce n'est pas le lieu d'y insister ici ; mais il semble et personne ne doute que, par une éducation très forte et hardiment rénovatrice, il soit possible, sinon de changer la face d'un peuple, comme le disait Leibniz, au moins de détruire la plupart des causes de décadence auxquelles il s'abandonne en l'absence d'une discipline convenable.

La conviction qu'il est possible de réagir contre les impulsions dangereuses de l'hérédité et de triompher des tyrannies fatales, au moins dans le domaine moral, est d'ailleurs une des plus salutaires qu'on puisse répandre et accréditer dans le monde. Vouloir fortement, c'est déjà pouvoir. Quand même il ne serait pas aussi facile qu'il l'est en réalité de dompter les énergies aveugles par le seul ascendant d'une volonté résolue et clairvoyante, il y aurait encore des raisons pour faire croire aux hommes qu'ils sont maîtres de se modifier, de s'amender, qu'ils ne sont pas les jouets d'un inflexible destin, et qu'il ne leur est pas permis de céder sans résistance et sans remords à leurs mauvais instincts. Croyons à la puissance de l'hérédité en tant qu'elle peut devenir un moyen d'amélioration et de libre perfectionnement. N'y croyons plus au cas où l'on prétendrait qu'elle exerce un despotisme tellement absolu qu'il y aurait de la témérité à refuser de le subir. L'éducation ne doit pas seulement se proposer de perfectionner les hommes, elle doit entreprendre aussi de leur inspirer le désir du perfectionnement en leur démontrant qu'ils sont perfectibles. Associée à la culture judicieuse de l'hérédité bienfaisante, l'éducation triomphe ainsi de l'hérédité malfaisante et renouvelle les générations.

Il ne faudrait pourtant pas accorder à l'éducation une influence exagérée, ni prétendre qu'elle puisse à elle seule provoquer des supériorités très éminentes. Elle n'a qu'une influence limitée, comme l'hérédité elle-même. Le génie échappe à l'une comme à l'autre. Le génie, c'est-à-dire l'expression la plus parfaite et la plus complète de l'esprit considéré comme force librement créatrice, ah ! voilà tout ensemble l'éternelle consolation et l'éternel désespoir de notre nature ! Il console, puisqu'il est la source de toute lumière et de tout ravissement ; il désespère, justement parce qu'il est rare, exceptionnel, capricieux, étrange, dédaigneux de la familiarité de ceux qui voudraient connaître son secret mystérieux, obstinément rebelle aux efforts de ceux qui entreprennent de le soumettre, bref tout à fait en dehors de la logique et de la discipline du commun des hommes. C'est un arbre gigantesque dont les fruits sont l'aliment des siècles, et qui croit dans des conditions telles qu'on n'en saurait pas plus prévoir ou provoquer la genèse que régler l'existence ou calculer la fécondité. Il faut attendre humblement et patiemment qu'il plaise à la Providence de nous en procurer le bénéfice. Heureusement les hommes de génie ne sont pas indispensables à l'humanité. Plus la moyenne générale d'une nation s'élève, moins ils deviennent nécessaires. Or la moyenne générale s'élève irrésistiblement quand la volonté et l'initiative de tous les citoyens n'y ont plus qu'un sincère désir : celui de se perfectionner. La culture héréditaire, par sélection impitoyable des causes de dégénérescence au profit des causes d'amélioration, peut être recommandée avec confiance aux nations jalouses de conquérir ainsi le premier rang dans le monde.

ISBN : 978-1719579438

www.ingramcontent.com/pod-product-compliance
Lightning Source LLC
Chambersburg PA
CBHW030044230526
45472CB00005B/1668